ÉTUDE

SUR

LA STATION ET LES EAUX DE TEPLITZ

(BOHÊME)

PAR

Le Docteur A. LABAT

Membre titulaire de la Société d'hydrologie médicale de Paris
Ancien interne lauréat des hôpitaux

PARIS

GERMER BAILLIÈRE, LIBRAIRE-ÉDITEUR

RUE DE L'ÉCOLE-DE-MÉDECINE, 17

1870

ÉTUDE

SUR

LA STATION ET LES EAUX DE TEPLITZ

(BOHÊME)

1749

OUVRAGES DU MÊME AUTEUR SUR L'HYDROLOGIE.

Paris. — Imprimerie de E. MARTINET, rue Mignon, 2.

ÉTUDE

SUR

LA STATION ET LES EAUX DE TEPLITZ

(BOHÉME)

PAR

Le Docteur A. LABAT

Membre titulaire de la Société d'hydrologie médicale de Paris
Ancien interne lauréat des hôpitaux

PARIS

GERMER BAILLIÈRE, LIBRAIRE-ÉDITEUR

RUE DE L'ÉCOLE-DE-MÉDECINE, 17

1870

ÉTUDE

SUR

LA STATION ET LES EAUX DE TEPLITZ

(BOHÊME)

Il est une classe d'eaux minérales difficiles à ranger dans une nomenclature entièrement chimique. Les Allemands les ont désignées sous le nom d'*indifférentes* (*indifferenten thermen*), dénomination repoussée avec raison par les auteurs du *Dictionnaire d'hydrologie*, mais à laquelle ils ont substitué celle encore insuffisante d'*eaux faibles* (*acrato thermen*); car les sources dont il s'agit ne sont faibles ou indifférentes qu'au point de vue des connaissances chimiques, tandis qu'elles révèlent une puissance incontestable sous le rapport physiologique et thérapeutique. N'est-ce pas là une preuve nouvelle de ce principe que le médecin-hydrologue doit s'habituer à marcher quelquefois sans le secours du laboratoire, de même que le clinicien sans l'appui du scalpel de l'anatomiste?

Ce désaccord radical et manifeste entre la chimie d'une part et la médecine pratique de l'autre, ne saurait être dissimulé qu'en se plaçant dans cette alternative: ou nier, de propos délibéré et par pur amour du principe, toute la série des faits cliniques relatifs à ladite classe d'eaux minérales, ou bien invoquer l'action d'agents hypothétiques, à l'exemple de l'école anatomique qui affirme l'existence de lésions dont elle promet la démonstration future. Donc, la dissidence existe, et ce n'est pas là le côté le moins intéressant de l'étude des acratothermes. Je dirai plus : je ne connais

pas de sujet si digne des méditations du médecin hydro-
logue, ni de champ si vaste ouvert à de savantes conjec-
tures.

C'est rendre à cette classe d'eaux un hommage implicite
que de nommer les principales : en France, Néris et Plom-
bières ; en Suisse, Pfaeffers ; en Allemagne, Wildbad, Gastein, Teplitz. On hésite à appliquer à ces noms recomman-
dables l'épithète de faibles ou d'indifférentes.

Dans ce travail, je me propose d'étudier comme type
Teplitz en Bohême. Ces thermes célèbres ont laissé dans
mon esprit de vivants souvenirs au point de vue du site, de
la richesse des sources, de l'installation balnéaire et des
résultats thérapeutiques. Qu'il me soit permis de les ré-
sumer en quelques pages, en m'aidant des savantes con-
versations et des écrits substantiels des docteurs Schmelkes,
Seiche, Richter, Karmin, etc.

Plusieurs villes d'eaux portent le nom de Teplitz (en
langue tchèque, *tepla*, chaud, *ulice*, rue) : Teplitz-Trenchin
au nord de la Hongrie, non loin des Karpathes ; Teplitz-
Warasdin et Töplitz-Krapina dans la Croatie ; la plus connue est Teplitz-Shönau, située au nord-est de la Bohême,
entre Dresde (8 milles) et Prague (12 milles), à peu près
à égale distance de Prague et de Carlsbad (1).

Teplitz et Shönau ne forment qu'une seule station : ce
sont deux communes contiguës, séparées par un mince filet
d'eau, le Saubach ; propriétaires des sources et du matériel
avec le prince Clary Aldringen, grand seigneur du pays,

---

(1) Teplitz communique avec Dresde et Prague par l'embranche-
ment d'Aussig, qui se relie au chemin de fer de la vallée de l'Elbe. On
s'y rend de Paris par Dresde en moins de trente-six heures. La voie
actuellement en construction par Eger, Marienbad et Carlsbad, sera
plus directe, sinon plus rapide.

elles ont une administration distincte, circonstance qui a pu quelquefois entraver leur marche dans la voie du progrès.

Teplitz est sous le 50 degré de latitude environ, à plus de 200 mètres au-dessus du niveau de la mer, dans une vallée riante et fertile, largement ouverte, bornée au nord-ouest par l'Erzgebirge, au sud-est par le Mittelgebirge ; ces deux chaînes de montagnes vont se rejoindre du côté de l'Elbe, fermant ainsi, vers le nord-est, la vallée qui se prolonge au sud-ouest, dans la direction de Bilin. Il résulte de ces dispositions orographiques que le climat y est doux (température moyenne de l'année, 8 degrés Réaumur), que les fruits sucrés y abondent et que le raisin y est excellent ; ce qui explique les conditions exceptionnelles de la vie matérielle. La fertilité du sol n'exclut pas les beautés natu- relles (1).

(1) Les environs sont aussi renommés que ceux de Carlsbad. Pour s'en faire une idée, il suffit de gravir, en une demi-heure, la hauteur voisine du Schlossberg, d'où l'on découvre les points les plus inté- ressants des deux grandes chaînes de montagnes voisines. De la ter- rasse de Wilhemshöhe (une heure de marche), on voit se développer tout le Mittelgebirge avec ses éminences coniques, dominées par le Milleschauer. — Les endroits qu'on visite le plus sont le couvent de Mariaschein, Ossegg, abbaye de l'ordre de Cîteaux, Kulm et les monu ments de la bataille qui y fut livrée, Dux dont le château renferm tant de souvenirs de Wallenstein.

Nous appellerons l'attention : 1° sur le petit établissement de bains d'Eichwald (une lieue de Teplitz), à l'entrée d'une vallée boisée de l'Erzgebirge ; 2° sur les sources de Bilin (deux à trois lieues) situées plus loin que la ville même, dans un petit bois solitaire, au pied d'un immense rocher de phonolithe, le Borzen, dont on a comparé la forme bizarre au mont Serrat, en Espagne. Il n'existe, auprès des deux sources bicarbonatées-sodiques, qu'un petit établissement pour l'expédition des eaux et un autre pour la fabrication du carbonate de magnésie ; ce beau produit s'obtient par la double décomposition du carbonate de soude de Bilin et du sulfate de magnésie de Saidshitz.

I. — Les sources et les propriétés naturelles des eaux.

Les auteurs fournissent les plus amples détails sur les
sources et les établissements de bains. Inutile de s'engager
dans une description minutieuse ; les sources sont en effet
fort nombreuses, les établissements presque autant, et je
ne vois pas l'intérêt que pourraient y prendre les médecins
hydrologues, sinon ceux résidant sur les lieux et qui les
connaissent suffisamment. Nous nous bornerons donc à une
indication sommaire.

Les sources naissent dans les rues mêmes et dans les
caves des maisons. Leur énumération seule ne laisse pas
que de causer un certain embarras, les unes ayant plusieurs
noms, comme la source principale qui s'appelle Hauptquelle,
Urquelle, Ursprung, Männerbadquelle, tandis qu'un même
nom sert à désigner des sources différentes : il y en a deux
qu'on appelle Frauenbadquelle, et trois ou quatre dites Sand-
badquelle. Pour être plus clair, nous les diviserons en trois
groupes, et ceux-ci en autant de groupes secondaires qu'il
y a d'établissements de bains.

1er Groupe de Teplitz.

Bain de Stadtbad sources........   Hauptquelle, Weiberbadquelle.
  — de Fürstenbad............   Fauenbadquelle, Sandquelle.
  — de Herrenhauss...........   Des autres bains.

2e Groupe de Shönau.

Bain de Steinbad..............   Steinbadquelle, Stephansquelle.
  — de Stephansbad...........   Militarsandbadquelle, Wiesenquelle.
  — de Schlangenbad.........   Schlangenbadquelle, Sandquelle.
  — de Neubad..............   Hügelquelle, Nebenquellen

3e Groupe du Jardin (Gartenquellen).

Sources principales............   Trink et Augenquellen.

Toutes ces sources sont tellement similaires, que leurs propriétés naturelles se prêtent à une description commune.

Caractères physiques. — L'eau est claire, incolore; dans les bassins, par exemple au Steinbad, elle prend une belle teinte bleu-verdâtre comme celle des lacs de la Suisse. Puisée dans un verre, elle ne dépose point de vésicules sur les parois, tandis que dans les réservoirs elle laisse échapper d'énormes bulles de gaz qui viennent, par intervalles, éclater avec bruit à la surface. Elle est inodore, pourvu qu'aucune matière organique n'ait fait naître d'hydrogène sulfuré par réduction des sulfates (1). Elle n'est ni piquante, ni amère, ni salée, mais douce à boire comme l'eau de fontaine. Elle laisse néanmoins un dépôt d'un brun rougeâtre ou jaunâtre, composé de silice et de fer oxydé, et qu'on voit nager en flocons dans le grand réservoir du Steinbad. Au Neubad, se forment dans les conduits des incrustations d'un brun grisâtre, disposées par couches, dures et cependant friables, dont la surface interne rappelle les stalactites. Ces incrustations, constituées principalement par des carbonates, boucheraient en quelques années les conduits, si l'on n'avait soin de les renouveler. Cette eau est donc incrustante; elle ne saurait être dite séléniteuse, car elle savonne parfaitement.

Le caractère dominant se tire de la température. On a prétendu que les sources à Teplitz étaient plus chaudes qu'à Shönau : cela est vrai si l'on oppose le premier groupe au second ; mais les sources du troisième groupe (Gartenquellen), qui sortent du terrain de Teplitz, sont les plus tempérées.

(1) Longtemps on a considéré l'ancien Schwefelbad, aujourd'hui Neubad, comme un bain sulfureux ; les chimistes ont démontré que l sulfuration n'était qu'accidentelle.

Abstraction faite de quelques dissidences, l'échelle ther-
mométrique est comprise entre 20 et 40 degrés Réaumur
(25 et 50 degrés centigrades).

Le premier groupe, 35 à 40 degrés Réaumur.

Le deuxième groupe, 25 à 37 degrés Réaumur.

Le troisième groupe, 20 à 21 degrés Réaumur.

La Hauptquelle du Stadtbad est la plus chaude du premier groupe ; l'Hügelquelle du Neubad, la plus chaude du
deuxième. Nous verrons comment cette gradation a été mise
à profit pour les bains.

Débit considérable : il a été l'objet de mesures répétées,
et, comme il arrive d'ordinaire en pareil cas, ces mesures
présentent entre elles peu d'accord. En 1825, la commis-
sion chargée de fixer la répartition de l'eau de la Hauptquelle entre les ayants droit, évalua la quantité fournie
par heure à 1000 pieds cubes environ. Elle passe pour la
plus abondante ; cependant le bourgmestre de Teplitz,
s'appuyant sur des recherches récentes, m'a affirmé que le
bassin du Steinbad avait un rendement supérieur. Quoi
qu'il en soit, les sources réunies donnent un total de plus
de 3000 pieds cubes par heure, quantité représentant près
de 100 000 litres ou 100 mètres cubes, c'est-à-dire de quoi
remplir deux cents vastes baignoires (5000 bains par jour
environ).

Caractères chimiques. — Les propriétés physiques de
ces eaux nous font pressentir leur peu de richesse en principes fixes. L'aréomètre que j'ai employé s'y comportait à
peu près comme dans l'eau pure ; en effet, la différence du
poids spécifique ne s'accuse qu'à la quatrième décimale. Je
n'ai rien obtenu par l'emploi des papiers réactifs ; cependant
les analyses chimiques donnent des résultats : elles ont été
faites par Berzelius, Steinmann, Ficinus, Wolf, enfin par

Wràny en 1863. Ce dernier, dans un travail de longue haleine faisant partie de la collection de Löschner, a développé longuement ses procédés d'analyse, a donné le tableau comparatif de ses devanciers ; il a présenté ses chiffres sur deux colonnes, l'une en grammes et l'autre en grains.

ANALYSE DE LA HAUPTQUELLE par WRANY, 1863	GRAMMES par kilo	GRAINS par livre
Sulfate de potasse.....................	0,015	0,12
Sulfate de soude.....................	0,064	0,49
Chlorure de sodium..................	0,065	0,50
Carbonate de soude..................	0,407	3,13
— de lithion..................	traces	traces
— de magnésie.	0,012	0,09
— de chaux..................	0,054	0,41
— de strontiane...............	traces	traces
— de fer...................	0,0009	0,007
— de manganèse...............	0,0003	0,002
Phosphate d'alumine..................	0,001	0,008
— de soude..................	0,002	0,01
Silice............................	0,05	0,36
Fluor............................	traces	traces
Somme des parties fixes..............	0,67	5,12
Acide carbonique lié aux bicarbonates......	0,20	1,53
— — libre..............	0,19	1,44
Total..................	1,0612	8,097

Il n'y aurait ici aucun intérêt à discuter ces diverses analyses ; il nous a suffi de rappeler celle de la source principale prise comme modèle et d'y ajouter quelques réflexions.

1° Chimiquement parlant, ces eaux appartiennent bien à la classe des indifférentes : elles ne renferment que quatre à cinq grains par livre (0,50 à 0,65 par litre) de parties fixes, une faible quantité d'acide carbonique libre ou lié aux bicarbonates.

2° Le carbonate de soude forme à lui seul plus de la

moitié des parties fixes, ce qui explique comment ces eaux avaient été rangées autrefois dans la classe des alcalines.

3° Wràny a recueilli plus de carbonate de chaux que ses devanciers dans la source du Neubad, sans doute parce qu'il a puisé l'eau avant qu'elle eût déposé dans les conduits.

4° Ficinus a signalé, dans l'eau du Neubad surtout, une forte proportion d'iodure de sodium, 0,0128; il est le seul de son avis. Il mentionne le lithion en quantité pondérable; les autres n'en ont trouvé que des traces. Ficinus et Wolf indiquent de minimes proportions de fluor et de strontiane.

5° Les différences de proportions des éléments contenus dans les diverses sources sont presque insignifiantes : pour l'Urquelle 0,67, pour la Steinquelle et l'Hügelquelle 0,63.

6° Le gaz carbonique représenté par 0,19, chiffre correspondant à un dixième de volume, est mêlé d'azote et d'oxygène. Il est nécessaire d'établir une distinction entre le gaz recueilli par l'ébullition et celui qui se dégage spontanément des réservoirs sous l'aspect de grosses bulles : le premier contient plus d'acide carbonique que d'azote et d'oxygène; le second, au contraire, présente l'azote en excès notable.

	Acide carbonique.	Oxygène.	Azote.
Frauenzimmerbad.............	0	150	850
Steinbadquelle...............	8	80	912
Sandbadquelle...............	4	4	992

Dans ce dernier cas, l'azote constitue la presque totalité du gaz. Plusieurs eaux de cette classe présentent la même prédominance de l'azote.

En présence d'une minéralisation presque négative, certains médecins, peut-être trop impatients d'expliquer, ont supposé dans les eaux dont il s'agit un état électrique particulier et en ont cité comme preuve la déviation de l'aiguille du galvanomètre. Tout cela est assez vaguement formulé, et ces expériences n'ont pas un caractère scientifique qui impose la conviction.

Que reste-t-il donc? Deux puissants facteurs, l'eau et la température; la température surtout, dont l'action au sein d'un milieu liquide est si vive sur le corps humain. Ici, plus d'hypothèse, le calorique est présent, réel, estimé par le thermomètre, et les effets sont plus simples parce qu'il n'y a aucun principe sulfureux, ferrugineux ou salin dont on puisse en même temps invoquer l'énergie.

Ce calorique est-il d'une autre nature que celui communiqué artificiellement à une masse liquide? Si l'on s'en rapporte au thermomètre seul, il est identiquement le même. La chaleur issue des entrailles de la terre peut bien avoir des vertus spéciales, je me garderais néanmoins de l'affirmer, les expériences sur le calorique des eaux étant encore insuffisantes. Pour J. Braun, la chaleur naturelle des sources n'a d'autre importance que de fournir sans frais une grande quantité d'eau chaude à l'usage des bains.

Caractères géologiques. — Nous possédons plusieurs faits curieux relatifs aux révolutions souterraines qui ont agi sur les sources : Balbin, dans son *Histoire de Bohême*, raconte que la Hauptquelle tarit subitement. Troschel assure qu'en 1720 elle jeta, avec un grand bouillonnement, d'énormes masses de pierres. On lit dans Humboldt qu'elle tarit de nouveau au moment du tremblement de terre de Lisbonne : le 1er novembre 1755, à onze heures du matin, la source s'arrêta plusieurs minutes; son retour, précédé de sourds mugissements, fut si impétueux qu'elle inonda tous les alentours, laissant un énorme dépôt de terre ocreuse; aucune secousse ne se fit sentir, seulement un bruit sourd dans les montagnes voisines, et, chose étrange, les sources de Shönau ne furent pas influencées.

Des caractères physico-chimiques de ces eaux, nous pouvons déjà tirer quelques conséquences touchant leur origine : leur température élevée montre qu'elles naissent profondément ; la pénurie de leurs éléments, qu'elles n'ont pas rencontré de roches faciles à dissoudre ; l'analogie de composition, qu'elles proviennent probablement d'un bassin commun. Examinons ce que la géologie nous apprend à cet égard ; nous avons étudié sur les lieux avec le secours du savant mémoire de Reuss.

La vallée de Teplitz, située entre deux grandes chaînes de montagnes, est couverte de cette vaste couche de lignite (*braunkohlenformation*) si répandue sur le plateau nord de la Bohême et que nous avons déjà rencontrée aux environs de Püllna. Au-dessous de cette couche paraît la craie reposant sur le terrain plutonien. Mais à Teplitz-Shönau la superposition régulière n'existe pas ; le sol de la ville est très-accidenté et toutes les hauteurs sont formées par la roche siliceuse, qui est ici du porphyre rouge tirant sur le gris ou sur le brun (felsit porphyre).

Cette saillie porphyrique s'étend sous forme d'une bande étroite entre le Schlossberg et Janegg ; elle se relie évidemment à la grande masse porphyrique de l'Erzgebirge (porphyre du Zinwald) qui lui est parallèle du côté nord et qui, superposée à deux autres masses latérales de gneiss, dans une largeur d'environ deux lieues, de Klostergrab à Graupen, traverse toute la chaîne jusqu'en Saxe. Un simple coup d'œil jeté sur la carte géologique montre que le porphyre de l'Erzgebirge se prolonge jusqu'à Teplitz en passant sous la craie et le lignite. La démonstration complète de ce fait se tire de la présence de petits îlots porphyriques faisant saillie dans la vallée. D'ailleurs, la distance d'une roche à l'autre n'est que d'une lieue, et toutes les deux offrent des produits similaires.

Donc, Teplitz-Shönau peut être considéré comme bâti sur un banc de porphyre, en relief au milieu des dépôts sédimentaires de la vallée. La craie se retrouve dans les rues de Teplitz et va en s'amincissant jusqu'à la Badegasse, où sont les sources de notre premier groupe; elle reparaît vers l'extrémité est de Shönau, au Neubad, où se terminent celles de notre second groupe. Le lignite n'existe qu'au nord, à une certaine distance de la ville. Le porphyre est couvert d'une couche d'alluvion là où naissent les sources du Jardin (troisième groupe).

Si Teplitz-Shönau doit son porphyre à l'Erzgebirge, il emprunte ses produits volcaniques au Mittelgebirge; on trouve en effet sur les hauteurs et à leurs pieds, des fragments basaltiques, et le Schlossberg, montagne volcanique voisine, est constitué par du phonolithe (*klingstein*).

Parmi ces éléments, le porphyre domine; il se présente sous la forme de gros blocs comme des pierres de taille, par exemple sur le chemin du Schlossberg, ou de roches dures, avec de grandes fissures. Toutes les sources en émergent, à l'exception de celle du Neubad, qui traverse une mince couche de calcaire inférieur (*pläner-kalk*), ce qui expliquerait pourquoi elle incruste ses tuyaux de carbonates terreux. La Wiesenquelle sort d'une fente dont une paroi est du porphyre, l'autre du phonolithe, particularité assez curieuse pour les géologues.

La Hauptquelle vient d'une espèce de gouffre qui se trouve à quelques pieds au-dessous de la rue des Bains. On voit son réservoir dans un cabinet du Stadtbad; pour l'examiner, j'ai fait desceller la grosse pierre qui la recouvre, et au moyen d'une longue perche, ferrée à son extrémité, j'ai pu sonder les parois supérieures de cette voie

souterraine qui donne issue à la plus puissante des sources.
Le fond du grand réservoir du Steinbad est aussi de porphyre, mais la source se divise en plusieurs filets. On voit
les sources appelées Sandquellen sourdre d'un lit de sable
constitué par un amas de petits fragments de silex et de
porphyre.

Reuss a fait sur l'origine des sources quelques remarques
importantes : les deux groupes principaux de Teplitz et de
Shönau sont échelonnés dans la direction même de la vallée,
de l'ouest à l'est, entre les collines du Königshöhe et du
Stephanshöhe d'une part, du Jüdenberg et du mont de
Ligne d'autre part. Le troisième groupe se trouve sur une
autre ligne perpendiculaire à la première et correspondant
au changement de direction de la même vallée quand elle
contourne le Königshöhe. En effet, les sources anciennes
et celles plus récemment découvertes, telles que la Sandquelle, la Wiesenquelle, occupent toujours ces deux axes.
On sait donc où il faudrait creuser pour en obtenir de nou-
velles.

Ces recherches intéressantes nous éclairent jusqu'à un
certain point sur l'époque de leur apparition ; elles ont dû
naître au moment de la dislocation des masses porphyriques, dislocation qui a formé la vallée de Teplitz-Shönau,
en y laissant d'énormes failles par où elles ont continué de
couler. Les témoins de cette catastrophe sont les fragments
basaltiques épars çà et là ; or, le basalte semble avoir tra-
versé les roches primitives et les formations crayeuses et
carbonifères au milieu de la période tertiaire ; donc, les
sources dateraient de cette époque même, antiquité assez
respectable.

En même temps, cette disposition confirme l'idée d'un
bassin commun ou de plusieurs bassins très-rapprochés ;
je me rattache plus volontiers à cette dernière hypothèse,

les sources du même groupe paraissant solidaires, car l'é-
puisement de l'une réagit sur l'autre. S'il existait un seul
bassin commun, n'est-il pas évident que les sources de
Shönau se seraient ressenties de la catastrophe de 1755,
qui troubla d'une façon si curieuse celles de Teplitz?

Quant au point réel d'origine, impossible de le déterminer. Il est probable que le porphyre présente une assez
grande épaisseur pour que les sources naissent de cette
roche même. Une expérience curieuse de Struve tendrait à
le prouver : ce savant a pris des fragments de porphyre au
pied du Schlossberg, les a soumis à la lixiviation avec de
l'eau acidulée par le gaz carbonique, sous une forte pres-
sion, et il a obtenu un produit très-analogue à celui de la
nature, c'est-à-dire une proportion sensiblement égale de
carbonates, de sulfates, de phosphates, de silice, etc.

La profondeur pourrait se calculer d'après la loi de la
chaleur centrale, s'il n'y avait à tenir compte des routes
inconnues suivies par les sources et du mélange des eaux
douces.

II. — LA CURE.

Teplitz, ville de bains très-ancienne, a sa légende comme Carlsbad : ici, ce n'est plus un cerf qui fait découvrir la source chaude, mais une truie égarée que l'on retrouve dans un bourbier fumant ; ceci se passait, dit la chronique, il y a onze siècles. Si l'on veut prendre une idée de l'histoire de Teplitz et de la riche littérature qui s'y rattache, on consultera la brochure du docteur E. Kratzmann (*Geschichte der Teplitzer thermen*, 1862). On y verra que la cure est instituée depuis plusieurs siècles et qu'elle a subi avec le cours des âges de grandes modifications.

Autrefois on se baignait beaucoup dans les piscines. Thomas Mitis de Limusa, gentilhomme et poëte, raconte en vers latins (1560) que les bains se prenaient en commun avec séparation des sexes et des classes ; du temps de Schwenkfeld, vers 1600, il y avait six grandes piscines. Aujourd'hui cette méthode est plus particulièrement réservée pour les classes pauvres. Déjà, au commencement de ce siècle, Ambrosi et plus tard Reuss se plaignaient de l'abandon des piscines, peut-être avec raison. Si les piscines peuvent être regrettées, il n'en est pas de même des bains à domicile : primitivement en faveur, ils ont été successivement remplacés par ceux des nouveaux établissements où les malades sérieux trouvent à se loger très-confortablement, par exemple le Herrenhaus et le Neubad. C'est un progrès véritable que ce changement d'habitude, lequel s'opère également à Carlsbad, à Kissingen, plus lentement à Kreuznach. Chaque fois que j'ai l'occasion de visiter ces installations privées si défectueuses, je ne puis qu'encourager une transformation toute à l'avantage des baigneurs et de la direction médicale.

Dans la cure primitive, les bains se prenaient plus longs et plus chauds; Schwenkfeld faisait commencer par une demi-heure et poussait progressivement jusqu'à quatre ou cinq heures. Une telle pratique ne serait plus possible que dans les piscines, car actuellement les baigneurs ne disposent de leurs cabinets que pendant une heure; encore faut-il tenir compte du temps nécessaire à la préparation du bain et à la sortie. Quant à la température, on l'a restreinte peu à peu à des limites plus raisonnables. Remarquons aussi que tout est maintenant mieux disposé pour refroidir l'eau au degré convenable; nous reviendrons tout à l'heure sur les procédés en usage.

Il était admis anciennement d'associer aux bains l'eau chaude prise en boisson pour favoriser la sueur; cette méthode est beaucoup moins usitée de notre temps.

Troschel et d'autres médecins de cette époque prescrivaient l'eau additionnée de sels purgatifs, sels de Tepl, de Carlsbad ou de Sedlitz. Aujourd'hui, on boit plus volontiers les eaux minérales étrangères comme Marienbad, Carlsbad, Kissingen, Vichy, dont on trouve un assortiment très-complet dans le salon qui fait suite à la colonnade et où sont débités les sels purgatifs et le petit-lait. On boit aussi quelquefois à l'une des sources du jardin, captée dans un bassin de pierre et portant un nom correspondant à cet usage (Trinkquelle).

La pratique moderne s'est enrichie d'un nouvel agent, les bains de boue (*moorbäder*), que l'on doit à l'initiative du docteur Schmelkes (1835). Le Moorlager, où l'on prend le terreau, est situé à une lieue environ, vers Dreiunken, au pied de l'Erzgebirge; on lui donne la consistance de boue au moyen de l'eau minérale.

La boue n'est pas très-riche en principes actifs : d'après Rochleder de Prague, elle renfermerait surtout des substances organiques, du sable porphyrique, de l'argile, très-peu de sels et de l'oxyde de fer. Dans les établissements de bains, un petit nombre de cabinets sont affectés à cette médication. Pour suivre le progrès, on a installé des bains de vapeur et des douches de plusieurs espèces.

Cela dit, nous pouvons établir que la cure de Teplitz consiste avant tout dans les bains d'eau thermale ; là est le secret de sa grande renommée. « Teplitz est une ville de bains par excellence », disent les auteurs du *Dictionnaire d'hydrologie*. Sur ce point capital, nous allons porter toute notre attention.

Les établissements de bains ont été rebâtis à plusieurs reprises. Le monument le plus intéressant comme débris du passé, est la piscine de Frauenbad, avec sa voûte reposant sur un pilier central ; cette construction, qui date au moins de trois siècles, rappelle les piscines romaines.

A Shönau, jusqu'au siècle dernier, on se baignait en plein air, au milieu de marais infects et remplis d'animaux immondes, d'où le nom de Schlangenbad (bain des Serpents). Sparmann raconte que les lépreux français y venaient en 1733. Le prince de Rohan, ambassadeur de France, y faisait élever, pour la première fois, un bâtiment en bois destiné à servir d'abri (1773).

Les bains actuels datent du commencement de ce siècle (1). Leur plan présente tant d'analogie, qu'une descrip-

---

(1) Dates de la construction : Steinbad, 1800 ; Fürstenbad, 1824 ; Herrenhauss, 1825 ; Schlangenbad, 1838 ; Stadtbad et Neubad, 1839 ; Stéphansbad, 1846.

On construisait l'été dernier un nouvel établissement à l'extrémité du Curgarten, près du café-salon ; cet édifice, dans le style renaissance, renferme une belle salle d'attente et dix-huit cabinets divisés en deux compartiments comme ceux d'Ems ; les baignoires seront alimentées par la Frauenquelle.

tion séparée serait parfaitement inutile; nous n'en donne-
rons qu'une idée générale : ils renferment près de cent vingt
cabinets dans lesquels on peut donner 1200 à 1500 bains
par jour à la grande saison. Certaines baignoires plus vastes
s'appellent bains de famille ou de société (*Gesellshaftbäder*);
enfin, il existe encore plusieurs piscines pouvant contenir
de vingt à cinquante personnes. Kratzmann estime qu'on
peut faire baigner en tout trois à quatre mille malades par
jour.

Les établissements sont bien situés, largement aérés ;
les cabinets très-élevés et spacieux; ceux du Herrenhauss
et du Neubad ont 6 mètres de long, 3 à 4 de large, hauteur en proportion, c'est-à-dire un cube de 60 à 80 mètres.
On n'a pas à craindre le froid, les dalles recevant presque
partout la chaleur naturelle des sources qui agissent comme
calorifères souterrains.

Les baignoires sont creusées dans le sol, revêtues de
carreaux de faïence, de porcelaine ou de marbre, et entre-
tenues avec tant de soin, qu'on les dirait remplies d'eau de
roche. Leurs formes et leurs dimensions varient; en général
elles sont très-grandes : longueur, 2 mètres à 2^m,50 ; largeur, 1 mètre à 1^m,25; profondeur, 0^m,60 à 0^m,80. On les
remplit au degré voulu par des tubes d'ajutage qui s'a-
daptent aux tuyaux d'écoulement, ce qui permet de donner
des demi-bains jusqu'à la base de la poitrine ou des bains
entiers jusqu'aux épaules.

La thermalité des bains est la question importante : certains d'entre eux peuvent être donnés à la température
initiale, par exemple dans la grande piscine des militaires,
27 à 28 degrés Réaumur, et dans les baignoires du Steinbad ou du Stephansbad, 27 à 30 degrés Réaumur; c'est
une circonstance favorable pour Shönau que d'avoir des
sources s'accommodant ainsi aux indications médicales.

Les sources du premier groupe sont en général trop chaudes pour être employées telles qu'elles sortent des conduits : il faut ou les laisser refroidir, ou les mélanger à des eaux plus tempérées ; les deux procédés sont mis en usage. Le Stadtbad, le Schlangenbad, le Neubad, sont pourvus de réservoirs où l'eau se refroidit la nuit comme à Carlsbad. Le bassin du Stadtbad occupe toute la cour intérieure de l'établissement ; la superficie en est très-vaste sur une profondeur minime, afin que le contact avec l'atmosphère soit le plus étendu possible, et, cela ne suffisant pas, il a fallu recourir, depuis ces deux dernières années, à un artifice consistant à faire circuler de l'eau froide au moyen d'un long serpentin, artifice analogue à celui dont on use à Néris. Quelques médecins se plaignent encore qu'on n'obtienne pas un abaissement de température suffisant pendant les nuits chaudes de l'été et durant une saison où le renouvellement rapide du liquide ne lui donne pas le temps de se refroidir. J'ai pu observer par moi-même des différences très-sensibles dans la température de ce réservoir. Le 11 septembre, par un temps chaud, très-doux, sans vent, dans une baignoire du Stadtbad, le robinet d'eau rafraîchie donnait 26 degrés Réaumur ; le 13 septembre, par un temps frais, avec vent d'ouest très-violent, le même robinet donnait 22 degrés Réaumur. Or, il faut savoir que le robinet d'eau chaude alimenté par la Hauptquelle, accuse une température de 37 à 38 degrés Réaumur ; il est évident que le robinet d'eau rafraîchie étant à 26 degrés, le mélange sera à 32 ; que, par conséquent, pour obtenir un bain à 27 ou 28 degrés, il faudra faire couler presque exclusivement l'eau refroidie, ce qui rendra deux fois plus longue la préparation du bain.

Les autres établissements ont leurs sources froides ; celles du Jardin pour le Fürstenbad et le Herrenhauss, la Wiesen-

quelle pour le Steinbad et le Stephansbad. Les conditions
sont ici bien différentes : dans l'un des cabinets du Herrenhauss, le robinet chaud marquait 35 degrés, le robinet
frais, 18 degrés.

Bref, par ces procédés on a des bains à tous les degrés ;
les plus chauds se donnent au Stadtbad, les plus tempérés
à Shönau. Nous avons dit qu'à l'époque actuelle, on usait
moins des bains très-chauds ; il est rare qu'on dépasse
32 degrés Réaumur (40 degrés centigrades), excepté dans
la piscine de Frauenbad où s'est conservée l'habitude des
bains à 36 degrés Réaumur (45 degrés centigrades).

Plus la température du bain est élevée, moindre est sa
durée. Au delà de 32 degrés Réaumur, il ne faut pas prolonger plus de dix à quinze minutes ; les bains chauds aux
environs de 30 degrés Réaumur durent de vingt minutes à
une demi-heure ; les bains tempérés, aux environs de 28 degrés Réaumur, jusqu'à trois quarts d'heure. Avant tout il
faut tenir compte de la constitution du sujet et de la maladie. Sans empiéter sur la partie thérapeutique, nous dirons
d'une manière générale que les paralysies et les névralgies
marquent les deux points extrêmes.

Les demi-bains peuvent se prescrire plus longs et plus
chauds, les bains de boue, plus chauds et moins prolongés.

La matinée est le moment le plus convenable. En juillet,
on commence à trois ou quatre heures du matin, comme à
Vichy ; souvent les circonstances obligent d'attendre jusqu'à
l'après-midi. En général, on donne les bains tous les jours ;
chez les personnes irritables, tous les deux jours.

Les bains chauds produisant de la courbature et une
tendance marquée à la transpiration, il est d'usage de se
reposer après, pendant une demi-heure ou une heure. La
crainte des refroidissements a peut-être été exagérée, car

les fonctions de la peau ont bientôt acquis un certain équi-
libre qui résiste aux causes perturbatrices.

Le climat permet de commencer la saison en avril,
époque où Marienbad et Carlsbad sont peu abordables, et
de la prolonger jusqu'en octobre ; il y a même une saison
d'hiver, et l'on y compte une centaine de baigneurs. No-
tons que les établissements du Herrenhauss et du Neubad
sont organisés pour loger confortablement les malades qui
auraient à redouter l'air du dehors au sortir du bain.

La meilleure époque est-elle, comme on le dit, du 15 juillet au 15 août? C'est bien le moment de la plus grande
affluence ; cependant les individus sanguins et irritables,
présentant une grande mobilité du système vasculaire ou
du système nerveux, les individus bilieux, sujets aux accidents cholériques dans le cours des grandes chaleurs, ceux
qui transpirent avec excès, ceux qui ont eu des congestions
ou des apoplexies, s'accommoderont beaucoup mieux du
printemps ou de l'automne. Ce point de pratique a été
discuté par le docteur Richter (*Deutsche Klinik*, avril 1860,
Berlin).

La durée de la cure ne saurait être déterminée ; elle est
comprise entre plusieurs semaines et plusieurs mois.

Il était d'usage autrefois de faire à Teplitz une cure consécutive ou complémentaire (*Nachcur*), par exemple en
sortant de Carlsbad ; cette habitude tend à se perdre depuis
qu'on boit au Jardin les eaux étrangères transportées.

Peu de chose à dire du régime : les personnes qui ne
suivent que la cure des bains, sans traitement interne, ne
sont pas soumises à une diète sévère ; cette diète est réglée
suivant la maladie, et comme la plupart des habitués de
Teplitz ont besoin de quelques toniques, leur régime ne
ressemble nullement à celui de Carlsbad.

Pour compléter ce qui a trait à la cure, il nous reste à

dire quelques mots des établissements de bienfaisance. Teplitz en possède un grand nombre; nous citerons parmi les établissements civils :

L'hôpital des étrangers, pourvu de soixante-quatre lits, où les pauvres de toutes les nations reçoivent logement, nourriture, bains et soins médicaux ;

L'hôpital des Juifs ;

L'hôpital de Frédéric-Guillaume.

Parmi les établissements militaires :

L'hôpital impérial, disposé pour recevoir 200 malades à la fois ;

L'hôpital militaire prussien ;

L'hôpital militaire saxon.

Presque tous ces bâtiments hospitaliers sont situés dans la Linden-Strasse, en face du mont de Ligne, un des points les plus salubres et les mieux exposés de la ville.

III. — Action physiologique.

Le traitement par la boisson a peu d'importance : la
Trinkquelle tiède, douce et sans goût prononcé, digestive
pour certains estomacs, lourde pour d'autres à cause de sa
température même, légèrement diurétiqué comme l'eau
prise à jeun, la Trinkquelle, dis-je, presque abandonnée,
ne mérite pas qu'on s'y arrête. Quant aux sources chaudes
bues pendant le bain, elles favorisent la transpiration.

Comme l'action physiologique des bains de boue, de vapeur, des douches, ne donne lieu à aucune remarque spéciale, et comme les demi-bains ne sont que des diminutifs
des bains complets, nous nous occuperons uniquement de
ces derniers, véritable type de la médication.

La thermalité étant la caractéristique des eaux qui nous
occupent, c'est à ce point de vue que nous considérerons les
effets des bains sur les fonctions de l'organisme. Les bains
chauds, représentent plus particulièrement le génie même
de la cure et doivent fixer les premiers notre attention :
chauds, environ 30 degrés Réaumur, et surtout très-chauds,
environ 32 degrés Réaumur, ils produisent sur l'enveloppe
cutanée une stimulation dont le degré est proportionnel au
calorique. De là, injection des capillaires qui se traduit
par la rougeur et par une légère turgescence ; de là, irritation des extrémités nerveuses épanouies dans les papilles
du derme, avec sentiment de chaleur et de prurit; de là,
réveil de l'action sécrétoire des glandes sudoripares et
transpiration; tels sont les phénomènes qui se passent tout
d'abord du côté de la peau. Une surface si étendue, si vasculaire, ne saurait être ainsi affectée sans qu'il y ait un
retentissement sur l'ensemble du système circulatoire : le
pouls s'élève, les battements artériels deviennent plus

intenses, la respiration plus rapide jusqu'à ce que la sueur ait déterminé l'apaisement de cette fièvre transitoire. D'une autre part, l'excitation des nerfs périphériques doit se réfléchir sur le système moteur de la vie animale et organique, d'où la mise en jeu des mouvements musculaires soumis ou non à l'empire de la volonté.

La sécrétion urinaire ne paraît pas augmentée. Il y a tendance à la constipation ; la diarrhée qui survient quelquefois, comme à Néris, ne pourrait-elle pas être mise sur le compte des refroidissements ?

Ces effets ainsi répétés et bien dirigés conduisent à d'excellents résultats ; exagérés, ils sont au contraire la cause de complications ou d'accidents : poussées trop actives vers la peau, érythèmes, miliaires (à Teplitz, où les eaux ne sont point minéralisées, il est possible de continuer les bains en abaissant leur température) ; céphalalgies, étourdissements, syncopes, j'ai vu ces accidents se manifester dans la piscine de Frauenbad, où les bains se donnent si chauds ; dans ce cas, il est indiqué d'interrompre le bain et de recourir à l'eau froide et aux dérivatifs que tout le monde connaît. Si l'excitation générale trop vive entraîne l'état fébrile, la perte de l'appétit, l'insomnie, il faut suspendre les bains ou les administrer moins fréquents, moins chauds, moins longs. Après un traitement prolongé, ces symptômes persistants peuvent exprimer la saturation, *das Ueberbaden* des Allemands.

Certains phénomènes, tels que douleurs musculaires, courbatures, seront appréciés différemment selon qu'ils reconnaissent pour cause le réveil des symptômes arthritiques et névralgiques ou la simple influence du traitement balnéaire : dans le premier cas, signe favorable ; dans le second, action physiologique sur l'innervation en général.

En ce qui me concerne, m'étant soumis quelques jours à des bains de 28 à 29 degrés Réaumur pendant vingt minutes, j'ai pu constater expérimentalement cette sensation de langueur, de mollesse, de lassitude avec penchant au sommeil que les auteurs ont indiquée d'un commun accord. Ici nous touchons une question délicate : la température du bain ne paraît pas devoir être seule invoquée, cependant je suis disposé à croire qu'elle y entre pour une grande part; ainsi j'ai fait la remarque que cette influence spéciale était plus tranchée aux bains du Stadtbad, non pas à cause de la température plus élevée du milieu liquide, mais plutôt à cause de celle des cabinets; le 11 septembre 1869, le thermomètre montait dans mon cabinet à 24 degrés Réaumur, chaleur supérieure à celle du dehors; au Stadtbad, en effet, le pavé est très-échauffé par les sources sous-jacentes. En un mot, la température doit être surtout prise en considération, ce qui ne veut pas dire qu'il soit défendu d'invoquer des propriétés sédatives spéciales.

A proportion que les bains sont plus tempérés ou plus frais, c'est-à-dire qu'ils oscillent autour de 28 degrés Réaumur ou de 26, ils deviennent de moins en moins stimulants et même calmants : alors la peau pâlit un peu, le pouls tombe, la respiration se ralentit; on sort de l'eau avec une sensation de fraîcheur, quelquefois même un léger frissonnement; peu de tendance à la transpiration, augmentation de la sécrétion urinaire.

On a donc pu attribuer aux bains de Teplitz les deux épithètes de stimulants et de sédatifs; la contradiction est dans les termes et non dans les faits. Reste à savoir si la stimulation étant mise sur le compte de la température, la sédation est due à l'absence de thermalité ou bien à une propriété intime de ces eaux. Dans ce dernier cas l'azote jouerait-il un rôle spécial? Rappelons qu'à Lippspringe, où l'azote existe également en forte proportion, on a construit des salles d'inhalation dans lesquelles l'Arminiusquelle vient se tamiser sur des fascines. Le docteur Rohden m'a affirmé avoir obtenu de la sorte des effets sédatifs remarquables. C'est là un sujet de méditation plutôt qu'une véritable démonstration, le rôle de l'azote n'étant pas déterminé comme celui de l'acide carbonique. D'ailleurs, quand il s'agit des bains, la plus grande partie de l'azote s'échappe très-promptement sous forme de grosses bulles.

Nous nous sommes expliqué plus haut à propos de l'état électrique, et nous n'avons trouvé d'autre agent que le calorique sur lequel il fût permis de baser des raisonnements convaincants. Nous en sommes arrivé là en nous plaçant au point de vue physico-chimique; mais physiologiquement parlant, nous serions assez disposé à reconnaître dans ces sources, et dans les acratothermes en général, des propriétés sédatives indépendantes de la température et dont l'avenir nous donnera peut-être une explication plus complète et plus satisfaisante.

VI. — ACTION THÉRAPEUTIQUE.

Dans nos considérations préliminaires nous avons représenté les acratothermes comme presque dépourvus de matériaux actifs et jouissant cependant de grandes vertus curatives. Quelle part de ces vertus revient à Teplitz? Ce sera l'objet du présent chapitre (1).

L'action physiologique nous fait pressentir en partie les effets thérapeutiques; elle est loin de nous en révéler toute l'étendue. Nous y voyons un agent doué tout à la fois de qualités sédatives et stimulantes (la stimulation résultant surtout du calorique), une influence directe sur la peau, indirecte sur les systèmes circulatoire et nerveux. Nous pouvons donc comprendre l'apaisement des douleurs et des spasmes dans les névroses, l'excitation du système locomoteur dans les paralysies, enfin la stimulation générale de l'organisme. Mais il est plus difficile de se rendre compte du pouvoir résolutif si remarquable qui se manifeste sur les productions plastiques ou exsudats résultant, soit d'une lésion de cause externe, soit d'un état général, d'une diathèse qui leur donne naissance par déviation de la nutrition normale.

Dire que le stimulus des systèmes circulatoire et nerveux amène dans l'absorption et dans la nutrition des changements qui peuvent éliminer et faire disparaître ces tissus homologues, c'est exprimer une probabilité basée sur une saine physiologie, mais c'est laisser de côté trop

(1) Hufeland, dans son enthousiasme, dit : « *Teplitz mache die Tauben hörend, die Blinden sehend und die Lahmen gehend.* — Teplitz fait entendre les sourds, fait voir les aveugles et marcher les paralytiques. » C'est promettre un peu trop; la dernière des trois propositions est la moins aventurée.

de faits intermédiaires pour qu'on puisse y voir une démonstration.

Pour mieux interpréter l'action des eaux de Teplitz, il
est bon de commencer par certaines maladies chirurgicales
dont la cause externe est bien connue, et dont les divers
éléments morbides sont simples et facilement appréciables.

Traumatisme. — Ces eaux ont une vieille réputation dans
les blessures des combats; elle n'a fait que se confirmer
après les terribles guerres de 1813-1814 et, plus récemment, à la suite de Sadowa. En première ligne se présentent
les plaies par armes à feu, avec tous les désordres dont
elles sont suivies. Le docteur Seiche (brochure 1868) rapporte des observations intéressantes de guérisons avec issue
de balles qui étaient restées au fond de plaies déjà cicatri-
sées. En effet, les balles, les divers projectiles, les fragments
d'étoffes et autres corps étrangers sortant des trajets fistuleux, permettent une cicatrisation définitive.

Des conditions analogues se présentent dans les écrase-
ments des membres, avec fractures comminutives et luxa-
tions graves, suivies de suppurations et d'éliminations laborieuses de séquestres.

Au milieu de tous ces désordres des parties molles et
des os, les bains répétés assouplissent les tissus, favorisent
la suppuration louable et déterminent la sortie des séquestres. Les injections d'eau minérale dans les trajets fistuleux
constituent un précieux adjuvant.

Un mot de certaines complications des plaies et blessures : il ne faut pas qu'il y ait d'inflammation, mais la
douleur et l'irritation cèdent aux bains tempérés suffisamment prolongés. Il en est de même du spasme musculaire,
plus rebelle lorsqu'il affecte la forme de contracture perma-
nente. La paralysie et l'atrophie des membres réclament,
en même temps qu'une température élevée, le secours

de remèdes énergiques; nous y reviendrons plus loin.

Quand on parle de l'ankylose consécutive au traumatisme, il ne s'agit pas de l'ankylose vraie où l'altération
des parties osseuses a produit la soudure, mais de la fausse
ankylose due à l'état de la synoviale, de la capsule fibreuse
et des tissus périarticulaires; cette dernière est la seule
accessible au traitement par les bains et les douches qui
attaque les exsudats périphériques en même temps que la
rigidité musculaire.

Parmi les applications locales figurent, en premier lieu,
les cataplasmes de boue; on ne doit pas craindre d'employer
concurremment les moyens orthopédiques.

Contre les ulcères, les bains ont pu rendre quelques
services en tant que modificateurs; les résultats obtenus
sont, avant tout, dépendants de la diathèse dominante. Il
ne faudrait pas conclure de là que les eaux dont il s'agit
soient antidiathésiques; elles ne constituent point un re-
mède spécifique contre la dyscrasie, l'altération du sang,
mais plutôt un moyen spécial contre certains symptômes
ou certains produits.

Ceci nous conduit aux diathèses qui ouvrent la série des
maladies internes; au premier rang se présentent le rhumatisme et la goutte.

Rhumatisme. — Le rhumatisme musculaire, principalement quand il affecte la forme nerveuse, quand il est
mobile, se porte sur les viscères, etc.

Le rhumatisme articulaire chronique, d'autant plus facile
à combattre qu'il succède à l'état aigu (1). En général, les
symptômes inflammatoires doivent avoir disparu; s'il en
restait quelque trace, on ne prescrirait que des bains tem-

(1) Berthold rapporte la guérison d'un rhumatisme articulaire aigu
causé par la suppression de la sueur des pieds.

pérés. L'irritation inflammatoire des articles est moins à
redouter que celle des membranes séro-fibreuses du cœur :
chaque fois que la péricardite ou l'endocardite seront con-
statées, il y aura contre-indication d'autant plus nette que
la situation sera plus compromise ; quelques frottements
péricardiques, quelques bruits de souffle de l'endocarde,
pourvu qu'ils ne troublent pas notablement le rhythme et
la puissance des battements cardiaques, ne seront point
un empêchement total à l'administration des bains tempérés.

En thèse générale, du moment qu'il n'existe aucune
complication vers le cœur ou le système artériel, aucune
tendance congestive des organes vitaux, il est de principe
que les rhumatisants doivent être soumis à une haute température ; la chaleur du sang est dépassée de plusieurs degrés, comme il a été dit au sujet de la piscine de Frauenbad
où la source, jaillissant à 38 degrés Réaumur, se maintient
à 36 dans le réservoir. La saison chaude venant en aide et
d'autres moyens s'ajoutant, tels que douches, bains de
vapeur, on arrive de la sorte à exalter vivement les fonctions
de la peau, à rendre la souplesse et le mouvement à des
articles, à des masses musculaires frappés de gêne ou
d'impuissance. S'il est vrai qu'on doive regretter les bains
de piscine, les rhumatisants auraient le plus à se plaindre
du changement de mode.

Goutte. — Depuis la légende de Mitis, il est question de
la goutte à Teplitz, tradition qui s'est perpétuée jusqu'à
nos jours ; d'après le docteur Richter, le tiers des malades
en sont affectés. Seegen ne reconnaît à la cure dont il s'agit
aucune vertu spécifique contre la dyscrasie, et les médecins
de la localité partagent en général son avis. Ils n'en ob-
tiennent pas moins d'excellents résultats pratiques ; le docteur Seiche m'a dit que plusieurs goutteux, après deux ou

3

trois cures, n'avaient plus eu d'accès pendant huit ou dix ans.

La forme aiguë de la maladie n'est pas la plus aisée à traiter; il est bien entendu qu'il faut choisir l'intervalle des paroxysmes, comme pour toutes les cures de ce genre, et qu'il faut se garder des températures trop élevées. Au contraire, dans la forme chronique à paroxysmes moins francs, moins complets, à réaction plus lente, les bains chauds sont indiqués et bien supportés; ils modifient même, dans un sens heureux, la marche de la maladie.

Si la goutte est anomale, à tendances métastatiques, une assez grande prudence doit être observée, à cause des complications vers les organes nobles, dont les conséquences sont aussi redoutables que dans le rhumatisme articulaire.

La goutte est-elle très-atonique, la réaction de l'organisme presque nulle, l'innervation profondément déprimée, Gastein et les acratothermes des Alpes auraient plus de succès.

Quand la goutte est compliquée d'hémorrhoïdes et de pléthore abdominale, les eaux de Marienbad et de Carlsbad, en boisson, rendront les plus grands services. Souvent même une cure dans ces stations plus spéciales devra précéder celle de Teplitz. Du reste on a l'habitude de faire boire aux goutteux le matin, au Curgarten, des eaux alcalines telles que Vichy et Carlsbad; Bilin offre l'avantage d'être plus à portée, en sorte que l'eau arrive tous les jours fraîche de la source.

Le traitement de Teplitz affirme surtout son efficacité quand il s'agit de faire disparaître les produits matériels engendrés par la diathèse urique tels que tophus, nodus, indurations et épaississements des tissus fibro-séreux vers les cavités articulaires ou les coulisses tendineuses. Ces lésions, comme celles du rhumatisme chronique, ne sont pas en elles-mêmes de mauvaise nature et n'offrent de gravité que par une sorte d'action de voisinage, tantôt s'opposant aux mouvements naturels des articles, tantôt comprimant les centres ou les cordons nerveux.

Le rhumatisme et la goutte s'associent quelquefois et se présentent avec un ensemble de symptômes qui en permet difficilement le diagnostic différentiel ; ces formes, désignées sous le nom de rhumatisme goutteux, rentrent dans les indications de la cure.

Durant le traitement du rhumatisme ou de la goutte, il peut survenir des exacerbations aiguës, même de véritables accès. Ces symptômes, loin d'être considérés comme des accidents, passent pour favorables ; ils obligent de recourir aux bains tempérés ou de les suspendre quelques jours.

Les anciens auteurs, entre autres Ambrosi, placent la gravelle à côté de la goutte ; actuellement, il n'y a plus là qu'une médication tout à fait accessoire.

Les autres diathèses ne nous offrent que des indications secondaires ou des contre-indications. En dépit de la tradition qui attribuait au Steinbad la propriété de guérir les scrofules et les syphilis anciennes, au Schwefelbad (aujourd'hui Neubad) une vertu particulière contre les affections cutanées, rien de ce qui se passe aujourd'hui n'autorise ces prétentions.

D'une manière générale, les affections scrofuleuses ne sont pas du ressort de Teplitz, encore moins les tubercules. Les bains peuvent rendre quelques services dans les ulcères scrofuleux, en assouplissant les tissus indurés, en avivant les bourgeons charnus. En présence des tumeurs blanches où la suppuration laisse à désirer, où existent des trajets fistuleux, des fragments osseux difficiles à éliminer, le mode d'action est analogue à celui que nous avons observé à

l'occasion des plaies et fractures compliquées, avec cette
différence que là on avait affaire à une cause externe, laquelle s'était épuisée en produisant le désordre matériel,
tandis qu'ici il reste en permanence un vice interne qui
entretient les altérations. Les eaux de Teplitz n'étant point
un antiscrofuleux et ne pouvant atteindre le principe du
mal, ne donnent que de faibles résultats ; elles opèrent
d'une manière plus efficace si, la cause générale étant
épuisée, il ne reste que des lésions, encore pas trop pro-
fondes ; elles diminuent presque toujours la roideur des
membres et les difformités des jointures.

Il est essentiel que les tumeurs scrofuleuses soient sor-
ties de la phase inflammatoire : ainsi les coxalgies qui
arrivent durant le cours de la première période sont exas-
pérées et aggravées ; à ce moment les antiphlogistiques
seraient plus nécessaires que les eaux minérales.

Plusieurs guérisons de tumeurs blanches reposent sur
des erreurs de diagnostic ; il s'agissait d'engorgements
articulaires non scrofuleux, par exemple d'abcès à la han-
che pris pour des coxalgies, d'hydarthroses du genou si-
mulant la gonarthrocace, d'ankyloses faisant croire à des
arthrites strumeuses.

Teplitz, comme les acratothermes en général, fait repa-
raître les manifestations de la syphilis ; c'est un moyen de
diagnostic entre les ulcérations syphilitiques et mercurielles,
les premières étant aggravées, les secondes, amendées par
le fait de la cure.

Quant aux maladies de la peau, elles peuvent éprouver
une amélioration passagère due à la rénovation des fonctions cutanées, par exemple dans les formes sèches ; on
nomme l'eczéma, le lichen, le prurigo, l'urticaire. Le docteur Seiche mentionne dans sa brochure un cas curieux de
lipoma multiplex, avec fonte des tumeurs graisseuses.

En un mot, point d'action curative des principes scrofuleux et dartreux.

Avec la goutte et le rhumatisme, les maladies que l'on rencontre le plus à Teplitz sont les névralgies et les paralysies. Le docteur Schmelkes en a fait l'objet de trois brochures auxquelles nous avons largement emprunté (1).

Névralgies. — Un des éléments dominants étant le trouble de la sensibilité (douleur, hyperesthésie), les bains tièdes ou frais sont indiqués comme sédatifs; mais à côté des symptômes, il faut voir la cause, et quand la névralgie est symptomatique de maladies laissant après elles certains produits matériels comme les blessures, le rhumatisme, la goutte, on doit, si cela est possible, recourir aux bains chauds, essentiellement résolutifs.

L'attention du praticien se portera sur le diagnostic de la maladie dont la névralgie est le symptôme, car s'il y a indication dans les névralgies traumatiques, rhumatismales, goutteuses, etc., la contre-indication existe dans beaucoup d'autres. En présence d'une névrite, le traitement ne sera applicable qu'à la période des exsudats, l'inflammation une fois apaisée. On devra s'assurer avec soin qu'il n'existe derrière les douleurs névralgiques aucune lésion du cœur ou des grosses artères, ni calculs du foie ou des reins, ni dégénérescence de l'utérus ou du rectum.

Si nous passons en revue les névralgies des différentes régions, nous trouvons qu'on obtient peu de succès contre le tic douloureux, sauf quelques cas dépendant de modifications matérielles dans les muscles et dans le périoste à la suite de rhumatismes; que la névralgie brachiale cède

(1) *Teplitz gegen Neuralgien* 1861; — *Teplitz gegen Lähmungen*, 1855. — *Sedimente meiner Praxis an den Thermen zu Teplitz*, 1867.

assez volontiers, surtout quand elle est d'origine traumatique ; que les névralgies intercostales donnent des résultats variables suivant qu'elles se rattachent au rhumatisme
(pleurodynies) ou qu'elles sont consécutives à la pleurésie
et au zona; que l'ischialgie rhumatismale fournit les succès
les plus complets.

La sciatique donne lieu à des difficultés de diagnostic ;
les affections du bassin que traverse ce gros tronc nerveux
étant nombreuses et parfois obscures, il est impossible
d'assurer qu'on a affaire à une névralgie idiopathique avant
un travail complet de diagnostic par élimination. Le malade ne doit être envoyé aux eaux et mis en traitement,
que ces conditions une fois remplies. Seiche rapporte l'ob-
servation d'une dame venue pour une névralgie sciatique
et morte de gangrène, par suite d'ossification de la crurale.

La sciatique s'accompagne en outre de complications,
telles que crampes, contractures, paralysies, atrophie du
membre. Si les bains tièdes ne calment pas les crampes et
les contractures, il est à craindre qu'une autre maladie ne
se cache derrière la première ; l'atrophie ne porte pas avec
elle un pronostic fâcheux, pourvu qu'elle résulte uniquement de l'inaction prolongée du membre. La sciatique nous
offre l'exemple d'une association morbide qui crée une
certaine difficulté pratique : je veux parler de la névralgie
et de la paralysie réunies, la première réclamant des bains
sédatifs, la seconde des bains stimulants ; l'indication est
de commencer par calmer les symptômes névralgiques.

Dans les névralgies cutanées, suites de la lésion des
nerfs, les névralgies du moignon des amputés et celles
qu'engendre l'hystérie, on recherche les effets sédatifs.

Les douches sont employées contre certaines névralgies,
notamment la sciatique; appliquées sans ménagement,
elles peuvent réveiller les points névralgiques.

Au cas où des symptômes aigus se manifestent, il n'est pas impossible d'unir au traitement thermal des antiphlogistiques, saignées, ventouses, ou des calmants; toutefois les opiacés seront tenus pour dangereux pendant le cours du traitement.

Paralysies. — Ici, tout à l'inverse de ce qui se passe pour les névralgies, l'action sédative par les bains frais ne s'exerce qu'exceptionnellement contre certains symptômes tels que douleur, hyperesthésie, convulsion, contracture, tandis qu'en général il faut avoir recours à la stimulation et au pouvoir résolutif qui sont du ressort des bains chauds. En effet, le but qu'on se propose est de rendre le mouvement aux muscles sous l'empire de la volonté; or, cela ne peut avoir lieu qu'en stimulant une fonction déprimée ou en faisant disparaître les obstacles matériels qui l'entravent.

Il ne faut pas que l'influx nerveux central soit atteint dans son principe même; un pareil état d'épuisement réclamerait l'emploi d'eaux plus puissantes, telles que les thermes des Alpes, agents nervins par excellence. Il ne faut pas non plus qu'il y ait désorganisation des parties; somment exciter et réveiller ce qui est détruit, et sur quoi faire porter la résorption?

N'oublions pas que l'action primitive s'adresse aux nerfs périphériques cutanés et l'action secondaire, probablement d'ordre réflexe, aux nerfs moteurs. De là découlent certaines conditions bien posées par Schmelkes : la sensibilité doit être, autant que possible, normale et la contractilité électro-musculaire conservée. Supposons la sensibilité éteinte, les nerfs cutanés ne répondront pas au stimulus, et si l'on élève un peu trop la température, la peau sera exposée à certaines lésions à cause du manque de sensation et de la réaction vitale insuffisante. Que la sensibilité soit au contraire exaltée, les bains chauds produiront des acci-

dents d'éréthisme et force sera de revenir aux bains tièdes
qui ne rempliront plus le but. Ajoutons que la sécheresse
de la peau est encore une condition défavorable. Si la contractilité électro-musculaire est très-faible ou éteinte, les
nerfs moteurs seront en vain sollicités par l'action réflexe.
Le médecin devra donc essayer tout d'abord l'état de cette
contractilité et la relever à un certain degré, au moyen d'un
appareil d'induction avant de commencer les bains.

Ces remarques, dues à Schmelkes, ont été confirmées
par Leidesdorf à Tüffer.

Considérons maintenant la date, l'étendue, le degré et
le siége de l'affection : les paralysies très-anciennes offrent
peu d'espoir de rétablissement fonctionnel, par le seul fait
d'une trop longue inaction ; les paralysies générales sup-
posent des causes graves, les paralysies complètes des
causes puissantes ; les paralysies centrales se rattachent à
des lésions plus sérieuses que les paralysies périphériques.

Ces préliminaires une fois posés, nous abordons les
diverses espèces de paralysies que nous distinguerons suivant leurs causes, puisque les origines morbides fournissent
les indications et les contre-indications. En premier lieu se
présentent le traumatisme, la goutte et le rhumatisme déjà
étudiés.

La paralysie traumatique peut avoir plusieurs raisons
d'être : longue immobilité des membres atteints, il suffit
alors de réveiller le pouvoir moteur endormi ; formation de
produits plastiques qui compriment les nerfs et s'opposent
au passage de l'influx nerveux dans les fibres locomotrices,
de là, nécessité d'une action résolutive plus ou moins prolongée ; les exsudats résorbés, la stimulation s'exerce libre-
ment sur le système nerveux libre de ses entraves. Il peut
se faire encore que les communications nerveuses ne soient
plus possibles par la lésion ou par la destruction, tantôt

du tronc nerveux se rendant à la partie paralysée, tantôt d'une portion du centre rachidien. Comment espérer alors quelque retour dans la motilité, à moins qu'il ne s'opère une de ces réparations assez rares, de ces soudures exceptionnelles de l'arc nerveux divisé ou interrompu.

Ici se place la paralysie consécutive à l'accouchement laborieux, sur laquelle a insisté Schmelkes; le professeur Siebold estime les eaux de Teplitz très-efficaces contre cette forme spéciale.

Il n'y a qu'une voix dans toutes les stations thermales où se traitent les paralysies pour proclamer les succès obtenus en face du principe rhumatismal, à moins que l'abolition de la fonction locomotrice ne remonte à une date trop éloignée.

Comme en général, dans ces sortes de paralysies, on n'est pas arrêté par la sensibilité de la peau, on emploie des bains très-chauds : Bertrand, au Mont-Dore, plongeait les paraplégiques rhumatisants dans le grand bain (39 à 42 degrés centigrades). A Teplitz, cette température est parfois dépassée, comme nous l'avons déjà fait connaître au sujet du rhumatisme. On choisit encore la saison la plus chaude afin d'entretenir la transpiration cutanée. Enfin, on use de tous les moyens capables de réveiller le plus vivement possible l'action musculaire, tels que douches, frictions, massages, électricité, etc.; ils sont surtout employés dans la variété paraplégique.

On guérit les paralysies faciales à cause de leur origine rhumatismale plutôt qu'en raison de leur siége. Point de résultat si le nerf facial est atteint à son origine crânienne ou dans le conduit de Fallope. La participation du nerf trijumeau à la lésion du facial est de mauvais augure; elle implique une cause plus grave et, en même temps, elle supprime la sensibilité que l'on a besoin de mettre en jeu pour le traitement.

Lorsque les produits de la goutte ont leur siége dans la région rachidienne ou sur le trajet des troncs nerveux, ils engendrent des paralysies par compression contre lesquelles le traitement thermal agit à titre de résolutif.

Les paralysies par intoxication métallique sont plutôt du ressort des bains sulfureux. Seiche cite un cas de guérison où la maladie provenait des vapeurs arsenicales. Si l'on a affaire à une affection saturnine, le concours de la faradisation est à peu près indispensable.

A la suite des fièvres graves, des diphthérites, des convalescences laborieuses, des excès ayant épuisé la constitution, le principe de la puissance nerveuse est quelquefois trop profondément atteint pour que Teplitz soit utile; alors on peut encore essayer Pfaeffers, Gastein.

Nous arrivons aux paralysies qui ont leur racine dans le cerveau ou la moelle épinière matériellement lésés (paralysies générales, hémiplégies, paraplégies).

Les paralysies générales se prêtent fort peu au traitement thermal et ne fournissent presque que des contre-indications.

L'hémiplégie est le plus souvent due à un épanchement sanguin cérébral. Les auteurs ne sont pas d'accord sur l'époque où Teplitz devient applicable : Richter dit huit ou dix semaines après l'attaque; Seiche, quelques mois ; Karmin, six à huit mois (1). En réalité, point d'époque

(1) Il résulterait de la pratique de M. Regnault, à Bourbon-l'Archambault, que le traitement est d'autant plus efficace, qu'il est employé à une époque plus rapprochée. Cette assertion, sans être précisément erronée, ne saurait être acceptée qu'après discussion. En tout cas, l ne serait pas juste d'attribuer à la cure le retour fonctionnel qui, vers cette époque, résulte de la marche naturelle de la maladie.

fixe, tout dépend du travail organique qui s'accomplit dans le foyer; or, ce travail est plus ou moins long, quelquefois interrompu dans sa marche. L'expérience donne une idée approximative de sa durée, mais le criterium le plus sûr est l'état fonctionnel du malade. Si depuis quelques semaines on n'observe aucun mouvement fébrile, point de couleur locale, d'hyperesthésie dans les membres affectés, de spasmes ni de contractures douloureuses, il est probable que le travail organique est terminé. En l'état, beaucoup de précautions sont indiquées : bains tièdes, eau froide sur la tête, dérivatifs vers les extrémités et le canal intestinal; au besoin, application de sangsues et de ventouses. Bref, cela revient à dire que l'hémiplégie ne rentre pas directement dans la sphère de Teplitz. Nous reprendrons un peu plus loin le même sujet.

Quand une lésion matérielle de la moelle (extravasation sanguine, phlegmasie, ramollissement, carie scrofuleuse, abcès tuberculeux) engendre la paraplégie, nous sommes presque toujours en face de contre-indications. L'application de la cure devient donc une question de diagnostic, et la distinction des paraplégies étant un des points obscurs de la clinique, il arrive souvent qu'il y a doute et hésitation de la part du médecin.

L'analogie de causes et de symptômes a pu faire croire à la guérison de prétendues myélites qui n'étaient autres que des paraplégies rhumatismales; chose fâcheuse en ce sens que des myélites dirigées mal à propos vers des bains stimulants, ont plus de chance d'aggravation que de guérison.

Les symptômes paralytiques dérivant du mal de Pott sont combattus plus avantageusement par les eaux chlorurées sodiques et par les bains d'eaux mères, mieux appropriés à la diathèse.

Considérée indépendamment de la cause, la paraplégie, par elle-même, est assez rebelle; Schmelkes et, après lui, Seegen, ont remarqué qu'elle cède plus volontiers quand la vessie et le rectum sont intacts.

Il nous reste à toucher un point important de la cure des paralysies; je veux parler du traitement combiné par les bains et l'électricité. Sur cette question, la collection de Löschner renferme un mémoire important du docteur Éberlé (1). Le docteur Karmin (2), membre correspondant de la Société d'hydrologie de Paris, s'est attaché à élucider ce même point de thérapeutique par des observations recueillies à Teplitz ces dernières années et réunies dans plusieurs articles scientifiques (3). Résumons les principales idées de l'auteur.

A l'exemple de Remak et de Benedikt, il établit que l'électricité est l'adjuvant et le complément indispensable des acratothermes; l'adjuvant, puisque son emploi abrége notablement la durée de la cure; le complément, attendu que certaines maladies, restant stationnaires après les bains seuls, se guérissent en quelques séances électriques.

Il est disposé à concevoir, avec Scoutetten, une force électrique des eaux qui favorise l'action du courant galvanique sur le corps humain. Les bains de Teplitz et l'électricité sont deux puissances agissant dans le même sens pour relever l'irritabilité nerveuse et déterminer la résorp-

---

(1) *Die Thermen von Teplitz shönau und die gleichzeitige Anwendung der Electricität in den exsudativen Krankheitformen.*

(2) *Die Elektrotherapie beim gebrauch der Teplitzer Thermen. Wiener mediz. Presse* 1866. — *Balneo- und elektro-therapeutische Beiträge zu den Motilütstörungen (Wiener mediz. Presse,* 1868).

(3) *Die Kombinirte balneo-electrische Behandlung der Hemiplegie und der Tabes.* 1869.

tion de certains tissus. Ces deux puissances sont dans un tel rapport d'harmonie que, réunies, elles donnent des résultats bien plus rapides et plus significatifs.

Sans discuter ici l'hypothèse du fluide électrique des eaux thermales, nous nous contenterons de faire remarquer qu'il suffit au but de l'auteur d'établir le fait thérapeutique, c'est-à-dire la guérison plus prompte par le concours de cet agent auxiliaire. Les observations cliniques démontrent clairement la marche plus rapide des diverses paralysies aussitôt que le courant galvanique vient en aide aux procédés balnéaires.

Le docteur Karmin, en vertu des principes énoncés, débute par les bains, puis fait intervenir l'électricité. Comme Remak et Benedikt, il affecte une prédilection marquée pour le courant galvanique continu et ne se sert que rarement du courant d'induction; dans ses observations, il est presque toujours question de la pile de Daniel.

Son traitement combiné s'applique surtout aux affections paralytiques, paralysies périphériques et centrales; ces dernières doivent appeler plus spécialement notre attention parce que les indications deviennent à leur égard un objet de controverse.

Le dernier mémoire porte le titre de *Traitement combiné de l'hémiplégie et du tabes dorsalis*. On ne doit pas s'attaquer trop tôt à l'hémiplégie; température des bains 25 à 27 degrés Réaumur, suivant la date de l'accident; durée 12 à 15 minutes; courant galvanique continu, afin de rétablir l'exercice de la volonté. La faradisation n'est utile que pour réparer dans les muscles la conductibilité et la nutrition locale, par conséquent elle ne doit être employée qu'après; elle demeure stérile, tant que le pouvoir centrifuge ne s'est pas manifesté, et beaucoup d'hémiplégiques sont ainsi vainement soumis à un grand nombre de séances.

Dans le tabes dorsalis (ataxie locomotrice) le traitement combiné ne saurait plus être admis, dès que les accidents paralytiques sont bien tranchés, il offrirait même des dangers. Bains frais et très-courts, emploi de l'hydrothérapie en même temps que le courant galvanique. Quant aux bains de boue, Seegen conseille avec raison d'en user prudemment; ces sortes de malades ne doivent donc pas aller faire une *Nachcur* à Franzensbad, suivant l'ancien usage.

Dans les paralysies centrales, le concours de l'électricité est plus indispensable parce qu'elle supplée à l'élévation de température qu'on ne saurait mettre en jeu sans risque. Au contraire, dans les paralysies périphériques, où rien n'empêche de donner des bains très-chauds, elle ne fait qu'ajouter son action qui s'exerce dans le même sens et en vertu des mêmes lois physiologiques.

L'auteur cite plusieurs cas de paralysies traumatiques, par exemple à la suite de la luxation de l'humérus, et plusieurs autres de paralysies rhumatismales, où l'emploi du courant électrique a été suivi de résultats prompts et manifestes.

Nous n'avons pas eu l'intention d'énumérer toutes les maladies traitées à Teplitz, mais seulement d'appeler l'attention sur les principales. La revue rapide que nous venons de tracer suffit à justifier notre assertion du commencement touchant la valeur thérapeutique des acratothermes. Teplitz occupe donc un rang élevé dans cette classe, et je ne saurais mieux en compléter l'éloge qu'en le comparant à notre station de Néris. Rien ne serait plus intéressant que d'établir un parallèle motivé entre ces deux bains au point de vue de la composition chimique, des procédés balnéaires, des effets produits sur l'organisme sain ou malade ; les rapports deviendraient alors saisissants. Quant à moi, je suis convaincu que ces sortes de comparaisons entre les eaux les plus puissantes de la France et de l'étranger sont appelées à ouvrir de vastes horizons à la science hydrologique.

FIN.

TABLE DES MATIÈRES.

Paris. — Imprimeriede E. MARTINET, rue Mignon, 2.